爱变身的小水珠

韩国赫尔曼出版社◎著　　金银花◎译

北京科学技术出版社

生活

社会

历史

水和油

表面张力

云

冰

水会大变身，有时变成固态的冰，
有时变成气态的水蒸气，有时又变回液态。
本书详细讲解了水的特性，
探索了水在生活中的应用。

科技

体育

雨

自来水

音乐

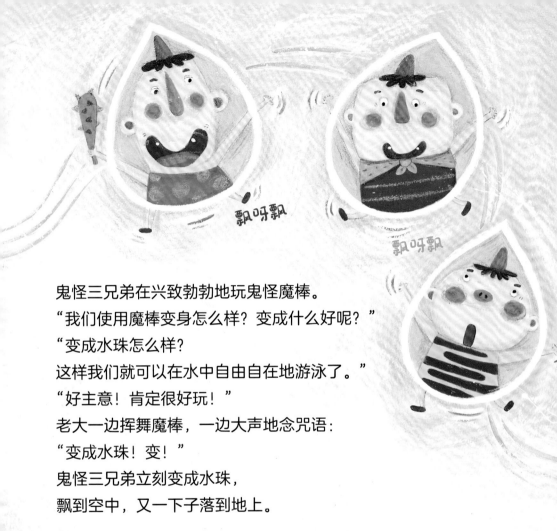

鬼怪三兄弟在兴致勃勃地玩鬼怪魔棒。
"我们使用魔棒变身怎么样？变成什么好呢？"
"变成水珠怎么样？
这样我们就可以在水中自由自在地游泳了。"
"好主意！肯定很好玩！"
老大一边挥舞魔棒，一边大声地念咒语：
"变成水珠！变！"
鬼怪三兄弟立刻变成水珠，
飘到空中，又一下子落到地上。

鬼怪水珠们不知不觉来到地下。

"啊，这是哪儿？怎么什么都看不到？

我要变回原来的样子！"

"我们先不变身怎么样？

看看我们究竟会到什么地方。"

鬼怪水珠们继续往地下走，

不久后与其他水珠汇聚起来，一直流向市区。

"哈哈，摇摇晃晃，像坐船一样，真好玩。"

"咦？水流速度突然加快了！"

嗖！鬼怪水珠们流进了河里。

"水流速度减慢了，这样舒服多了。"

这时，鬼怪水珠们看见一只水黾在平静的水面上大步前行。

"哇，它怎么能够在水面上自如地走来走去呢？"

"水黾很轻，且腿上长有浓密的油质细毛，

而水分子会排斥油分子，

因此，水黾能够站在水面上。"

科学小贴士

作用于液体表面，使液体表面积缩小的力，被称为液体表面张力。水黾之所以能站在水面上，主要是因为水黾的体重较轻，不足以破坏水的表面张力。另外，水黾的腿上长有很多油质细毛，由于水分子排斥油分子，水黾的腿不会被浸湿。

轻盈

鬼怪水珠们随着河水向前漂流。

过了一会儿，河突然变宽了。

"哇！是大海！原来河水最终会抵达大海呀。"

这时，老三惊讶地喊道：

"快看那里！海面上有黑色的怪物！"

快看！大怪物！

老大说：

"那不是怪物，而是泄漏的石油，它会污染大海。"

老三挣扎着想要远离这些油。

"弟弟，没关系，水和油互不相溶，
你根本不用逃跑。"

老二让弟弟冷静下来。

没关系！

快逃跑！

科学小贴士

水和油互不相溶。水的密度大，油的密度小，因此水和油混合后，静置一段时间，水会沉下去，油会浮上来。

阳光照到海面上，
鬼怪水珠们顿时开心起来。
"啊，好暖和！
变成水珠到处旅行，既舒服又好玩。"
可是，他们渐渐离开水面，轻飘飘地飞了起来。
"咦，怎么回事？我们这是要到哪儿去？"
原来，灼热的阳光让他们变成了水蒸气。

飘呀飘

飘呀飘

鬼怪三兄弟变成水蒸气飘到空中，
一路上升，进入云朵后又变回了水珠。
老大点点头说：
"噢，一到温度低的地方，
水蒸气就又凝结成了水珠。"

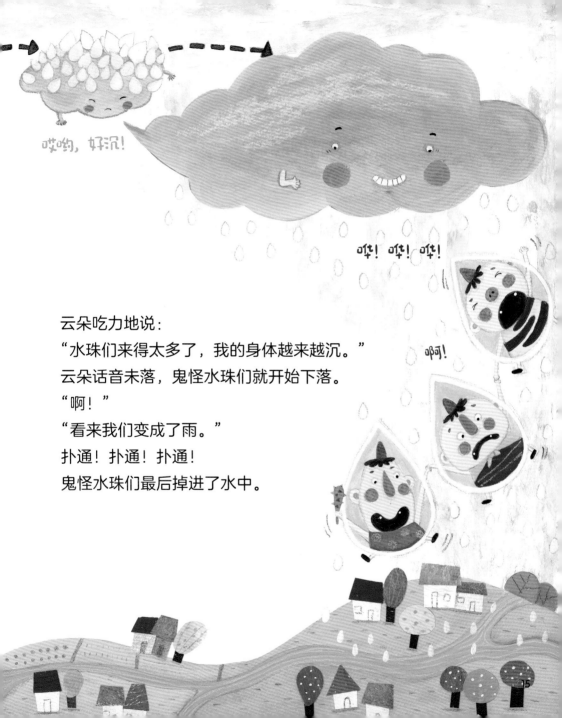

哎哟，好沉！

哗！哗！哗！

啊！

云朵吃力地说：
"水珠们来得太多了，我的身体越来越沉。"
云朵话音未落，鬼怪水珠们就开始下落。
"啊！"
"看来我们变成了雨。"
扑通！扑通！扑通！
鬼怪水珠们最后掉进了水中。

掉进水中的鬼怪水珠们被卷到
一个奇怪的地方。
"这是哪里啊？"
原来，鬼怪水珠们被卷到了自来水中心。
"这里是制造自来水的地方。"
从他们旁边经过的一滴水珠解释道。
鬼怪水珠们顺着水管一直向前。
"唉，好累！变成水珠后，
我们一刻都不能歇着。"

一个小女孩打开水龙头，
用冰格接了一点儿水。
鬼怪水珠们也落进了冰格。
"哥哥，这里好像是人们居住的房子！"
"好热，希望水能快点儿冻成冰……"
小女孩打开冰箱冷冻室的门，
把冰格放进冷冻室。
"怎么办？我们被关进冷冻室了。"

"越来越冷了。"

鬼怪水珠们被冻得蜷缩了起来。

可是，他们的身体却渐渐膨胀。

"咦？这是怎么了？我们突然变胖了！"

老大一边瑟瑟发抖，一边解释说：

"我们的体积变大了。

当水变成冰的时候，体积会变大。"

生活小贴士

一般情况下，当气温降到 0℃ 以下时，水会变成冰。水变成冰后，虽然重量不变，但是体积会变大。寒冷的冬天，水管之所以会被冻裂，正是因为水冻成冰后体积变大了。冬天快要到来时，提前用旧衣服或旧报纸裹住水管，就可以防止水管里的水结冰，避免水管被冻裂。

过了一会儿，冷冻室的门突然打开了。
小女孩从冰格中取出冰块放入杯子，
倒入常温的果汁，
大口大口地喝了起来。
冰块慢慢融化，鬼怪三兄弟又变回了水珠。
他们吓得不知所措。
"啊！抓紧我的手！"

叮当！

哗！

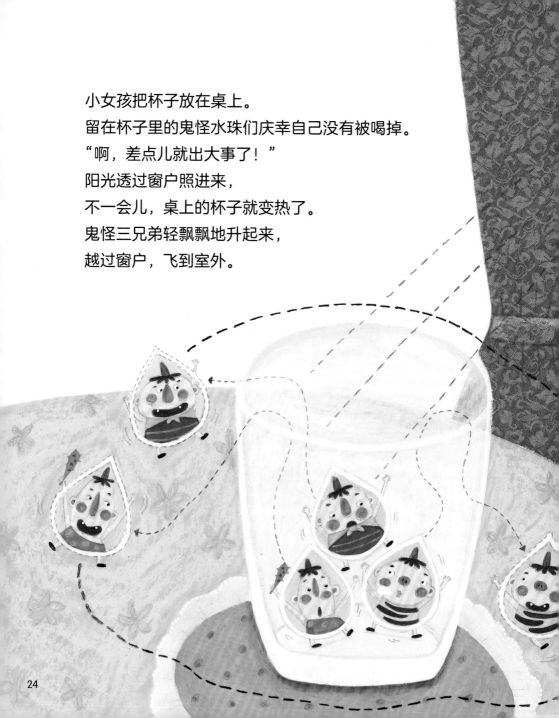

小女孩把杯子放在桌上。

留在杯子里的鬼怪水珠们庆幸自己没有被喝掉。

"啊，差点儿就出大事了！"

阳光透过窗户照进来，

不一会儿，桌上的杯子就变热了。

鬼怪三兄弟轻飘飘地升起来，

越过窗户，飞到室外。

变成水蒸气的鬼怪三兄弟，
经过村庄和河流回到了森林里。
"哇，家乡！
我们该变回原来的模样了。"
老大一边挥舞魔棒，一边大声念咒语：
"变回鬼怪！变！"

"我们再也不要变成水珠了，"
老二和老三异口同声地说，
"当水珠太不容易了！"

不要！

으뜸 사이언스 20 권

Copyright © 2016 by Korea Hermann Hesse Co., Ltd.

All rights reserved.

Originally published in Korea by Korea Hermann Hesse Co., Ltd.

This Simplified Chinese edition was published by Beijing Science and Technology Publishing Co., Ltd.

in 2022 by arrangement with Korea by Korea Hermann Hesse Co., Ltd.

through Arui SHIN Agency & Qiantaiyang Cultural Development (Beijing) Co., Ltd.

Simplified Chinese Translation Copyright © 2022 by Beijing Science and Technology Publishing Co., Ltd.

著作权合同登记号　图字：01-2021-5235

图书在版编目（CIP）数据

如果化学一开始就这么简单. 爱变身的小水珠 / 韩国赫尔曼出版社著；金银花译. —北京：北京科学技术出版社，2022.3

ISBN 978-7-5714-1996-7

Ⅰ. ①如… Ⅱ. ①韩… ②金… Ⅲ. ①化学—儿童读物 Ⅳ. ① O6-49

中国版本图书馆 CIP 数据核字（2021）第 259477 号

策划编辑：石 婧 闫 娉	电　话：0086-10-66135495（总编室）
责任编辑：张 芳	0086-10-66113227（发行部）
封面设计：沈学成	网　址：www.bkydw.cn
图文制作：杨严严	印　刷：北京宝隆世纪印刷有限公司
责任印制：张 良	开　本：710 mm × 1000 mm　1/20
出 版 人：曾庆宇	字　数：20 千字
出版发行：北京科学技术出版社	印　张：1.6
社　址：北京西直门南大街 16 号	版　次：2022 年 3 月第 1 版
邮政编码：100035	印　次：2022 年 3 月第 1 次印刷
ISBN 978-7-5714-1996-7	

定　价：96.00 元（全 6 册）